Said H. Abd El Rahim
El Said R. El Nashar

Petrologia e Geoquímica de algumas Rochas do Proterozoico Superior

Said H. Abd El Rahim
El Said R. El Nashar

Petrologia e Geoquímica de algumas Rochas do Proterozoico Superior

da zona de Homrit Waggat, deserto centro-oriental, Egito

ScienciaScripts

Imprint

Cover image: www.ingimage.com

This book is a translation from the original published under ISBN 978-620-2-30388-0.

Publisher:
Sciencia Scripts
is a trademark of
Dodo Books Indian Ocean Ltd. and OmniScriptum S.R.L publishing group

120 High Road, East Finchley, London, N2 9ED, United Kingdom
Str. Armeneasca 28/1, office 1, Chisinau MD-2012, Republic of Moldova, Europe
Managing Directors: Ieva Konstantinova, Victoria Ursu
info@omniscriptum.com

Printed at: see last page
ISBN: 978-620-8-58871-7

Resumo

Foram investigadas algumas rochas do Proterozoico Superior (serpentinitos, metagabrodioritos e granodioritos) da área de Homrit Waggat, no deserto centro-oriental do Egito. Foram realizados parâmetros geológicos, petrográficos e petroquímicos para lançar alguma luz sobre a discussão da origem e evolução tectónica destas rochas. Os dados petrográficos e geoquímicos confirmam que os serpentinitos foram derivados de peridotitos de tipo alpino (harzburgite) e de rochas-mãe ultramáficas duníticas nos ofiolitos da Zona de Subducção Supra (SSZ), que estão associados a tholeiites do fundo do oceano. Os serpentinitos são semelhantes aos ofiolitos pan-africanos Bac-Arc no nordeste e leste de África. Enquanto que o metagabro-diorito e o granodiorito exibem uma afinidade alcalina-calcária e estão agrupados num ambiente de arco insular.

Palavras-chave: Área HomritWaggat, Petrologia, Rochas do Proterozoico Superior, Ofiolitos Bac-Arc, Serpentinitos.

Tabela de conteúdos

Capítulo 1

1. Introdução

A área em questão foi geologicamente documentada por Hume (1934) no seu mapa geológico do deserto oriental do Egito entre Lat. 25^0 - 26^0, as caraterísticas geológicas da área estudada são constituídas por xistos mais antigos, granito e sienito. Não foram efectuados estudos detalhados sobre a área em estudo, exceto no que se refere à geologia regional do distrito de Naba (Amin et al., 1953). As rochas do Proterozoico Superior estão geralmente distribuídas pela faixa pan-africana do deserto oriental do Egito. O presente trabalho trata de algumas destas rochas, especialmente os serpentinitos, metagabros-dioritos e granodioritos.

Os serpentinitos têm atraído a atenção de vários autores, incluindo El-Sharkawy e El-Bayaumi (1979), Shackleton (1980), Takla et al. (1982), El-Gaby et al. (1988), Hassan e Hashad (1990), Hussein e El-Sharkawy (1990), Akaad (1997), El-Bahariya e Arai (2003) e Azer e Khalil (2005).

Hassan e Hashad (1990) classificaram as serpentinites egípcias em três categorias

a) Membros ultramáficos da sequência ofiolítica.

b) Massas serpentiníticas de melange ofiolítica.

c) Rochas ultramáficas magmaticamente colocadas.

As duas primeiras categorias são as colocadas tectonicamente "alóctones" (El-Sharkawy e El-Bayaumi,1979; Shackleton,1980; Takla et al.,1982 Hassan e Hashad,1990) que são ricas em olivina-ortopiroxena e são metamorfoseadas após dunite, harzburgite e, em menor grau, lherzolite; em contraste com as serpentinites autóctones que são ricas em clinopiroxenas (nãoofiolíticas) e representam intrusões tardias a pós-tectónicas que estão relacionadas com o rift. Em geral, a maioria dos serpentinitos distribuídos no deserto oriental do Egito são massas alóctones localizadas em complexos ofiolíticos desmembrados. El-Gaby et al. (1988) concluíram que os serpentinitos tectónicos do deserto oriental do Egito são frequentemente transformados em derivados de talco-carbonato

particularmente ao longo de falhas de impulso e zonas de cisalhamento. Hassan e

Hashad (1990) chegou à mesma conclusão. El-Gaby et al. (1988), bem como Hussein e El-Sharkawy (1990), demonstraram que a serpentinite do deserto oriental do Egito, que se estende de Gebel El Rubshi, no Norte, até Wadi Allaqi, no Sul, está geneticamente relacionada com os complexos ofiolíticos.

Akaad (1997) dividiu as serpentinites pan-africanas em

a) Pedregulhos nos gneisses de Hafafit.

b) Serpentinitos em melanges vulcaniclásticos de arco.

c) Serpentinitos infiltrados por fluxo.

Por outro lado, as rochas máficas gabrosas do deserto oriental do Egito receberam atenção detalhada e são classificadas em rochas gabrosas mais antigas e mais jovens. A especificação das unidades de rocha gabróica do ponto de vista petrológico e mineralógico foi já referida por El-Ramly (1971,1973), Basta e Takla (1974), Takla e Noweir (1977), Takla et al. (1981), El-Gaby et al. (1988), Hassan e Hashad (1990), Shaaban et al. (1991) e Ahmed e El-Sheshtawi (1993).

Hassan e Hashad (1990) postularam que as rochas gabroicas do deserto oriental do Egito são as seguintes

a) Ofiolitos de hábito estratificado e cumulado.

b) Associações metagabro-dioríticas onde se encontram considerada como unidade de intrusões sinorogénicas.

c) Gabros não metamorfoseados com carácter intrusivo de pequena dimensão agrupam-se numa unidade nas rochas do subsolo egípcio (El-Ramly,1973).

d) Rochas gabroicas alcalinas registadas em unidades menores em alguns complexos anulares (El-Ramly,1971).

Este trabalho apresenta um estudo sistemático do comportamento geológico, petrográfico, geoquímico e da petrogénese de algumas rochas do Proterozoico Superior que estão expostas na área de Homrit Waggat, localizada a norte da estrada asfáltica Marsa Alam-Idfu, no deserto centro-oriental do Egito (Fig.l). A área situa-se entre Lat. (25° 07' 16" - 25° 13' 24") N e Long, (34° 16' 05" - 34° 21'21")E, e cobre cerca de (100 Km^).

Capítulo 2

2. Configuração geológica

De acordo com os exames geológicos, petrográficos e geoquímicos pormenorizados, a área de Homrit Waggat (Fig.l) é ocupada por algumas rochas do Proterozoico Superior "serpentinitos, metagabros-dioritos e granodioritos" que estão representados num mapa geológico documentado pela EGSMA (1989). As caraterísticas geológicas gerais da área em estudo são principalmente determinadas pelas enormes montanhas de Gebel Homrit Waggat e Gebel El Naba. Estas cadeias de montanhas são dissecadas principalmente pelos Wadi Rod Um El Farag e Wadi El Naba, respetivamente.

Fig·l

2.1 Serpentinitos

Os serpentinitos de Homrit Waggat formam enormes massas separadas, bem como uma série de corpos lensoidais e fatias imbricadas que são empurradas sobre os metavulcânicos básicos associados. Os serpentinitos formam corpos contínuos, com muitos picos e enormes lados íngremes, que podem atingir uma altura considerável em comparação com as rochas do país anfitrião. Estes serpentinitos têm uma composição bastante homogénea e formam-se essencialmente a partir de peridotitos, dunitos e piroxenitos de cor verde acastanhada escura a verde escura. A transformação destes serpentinitos em variedades talco-carbonatadas é bastante comum e regista-se quer como manchas dispersas com um aspeto cavernoso caraterístico, quer ao longo de planos de falhas de cisalhamento no interior dos corpos ultramáficos.

2.2. Metagabro-diorito

A configuração geológica do complexo metagabro-diorítico de Homrit Waggat prova que estas rochas máficas são certamente mais jovens do que os serpentinitos e os seus derivados associados, estas rochas metagabroicas são normalmente entrevistadas injectadas e parcialmente granitizadas pelo granito cinzento. A linha de contacto entre os dois tipos é geralmente impercetivelmente gradacional, mas menos frequentemente nítida e intrusiva. Estas rochas metagabroicas intrudem as rochas metavolcânicas do país e são intrudidas pelos plutões graníticos mais antigos. Também Moghazi et al. (1999) chegaram às mesmas conclusões. Como já foi referido, estas rochas metagabrosas invadem as rochas metavulcânicas do país ao longo de uma linha de contacto intrusiva irregular com uma margina arrefecida, e por vezes incluem xenólitos desta última.

As associações metagabro-dioríticas da área em causa são representadas por um conjunto heterogéneo de unidades básicas a intermédias modificadas de forma variável. As rochas metagabrosas são de grão médio a grosseiro, ocasionalmente com aspeto apinítico e apresentam variações nas proporções dos constituintes minerais.

O plutão diorítico da área em causa pode ser petrologicamente diferenciado em duas categorias (quartzo-diorito e diorito normal de grão médio). O quartzo-diorito é abundantemente registado e restringe-se à zona limítrofe do plutão granítico Homrit Waggat, formando uma área marginal que, por vezes, vai até ao granodiorito.

2.3 Granodiorito

As rochas dioríticas da área de Homrit Waggat fundiram-se na zona fronteiriça com o granodiorito, onde as relações de contacto podem ser registadas. Sabe-se que o granodiorito é mais jovem do que o diorito pelas relações de contacto observadas ao longo das zonas fronteiriças. No entanto, o diorito e o granodiorito podem não diferir muito em idade, e possivelmente o granodiorito pode ser uma fase tardia do diorito. No exterior, o granodiorito é de cor mais clara e tem um tecido menos desenvolvido do que o diorito. Estas sequências de rochas são sucessivamente cortadas por vários diques básicos, intermédios e ácidos, bem como por veios de quartzo e microveinetes.

Capítulo 3

3. Petrografia

3.1.Serpentinitos

Megascopicamente, os serpentinitos têm uma composição bastante homogénea com cores densas de verde acastanhado escuro a verde escuro.

Microscopicamente, os serpentinitos da área de Homrit Waggat são quase totalmente compostos por minerais de serpentina, por exemplo, antigorite, lizardite e crisótilo; para além de tremolite, clinocloro, talco e magnesite. Os opacos são representados por cromite e magnetite. Os serpentinitos exibem textura bastita (pseudomorfos de antigorita após ortopiroxênios) e textura mesh (pseudomorfos de antigorita após olivina). Estas texturas reflectem rochas-mãe peridotitas (principalmente harzburgite) e duníticas, respetivamente. Os serpentinitos apresentam, por vezes, algum tipo de alinhamento subparalelo ou foliação devido a deformações subsequentes. A composição mineralógica dos serpentinitos foi também confirmada por difração de raios X.

A antigorite ocorre como lâminas e flocos incolores com cores de interferência cinzentas escuras. A antigorite está disposta numa grande variedade de agregados, incluindo estruturas plumosas ou filmo-lamelares, bem como em grupos aproximadamente paralelos (Fig.2). A lizardite apresenta placas finas e irregulares. O crisótilo ocorre como microveículos que atravessam a antigorite (Fig.3).

A tremolite apresenta-se sob a forma de cristais incolores, longos e prismáticos, dispersos e agregados colunares a fibrosos. O mineral apresenta cores de interferência de segunda ordem baixas. O mineral é substituído por talco.

A clorite apresenta-se sob a forma de flocos minúsculos ou de lentículas com uma forma caraterística de verme. A clorite é geralmente esverdeada pálida, ligeiramente pleocróica com uma interferência de cores cinzentas escuras.

A magnesite forma uma rede de microveinlets que atravessa as serpentinites em orientações randâmicas com um hábito granular e por vezes pode ser mascarada pela hematite (Fig.4). A magnesite também pode ser registada como aglomerados com uma cintilação conspícua e cores de interferência cinzento-pérola.

A cromite apresenta-se como placas alongadas ou grãos minúsculos irregulares com bordos castanhos translúcidos. Os cristais de cromite também aparecem como castanhos com cor castanha escura. No entanto, as variedades ricas em Mg são translúcidas e têm uma cor que varia do vermelho sangue ao castanho avermelhado (Ramdohr,1980). É frequente observarem-se aros de reação à volta dos cristais de cromite, que são atribuídos à decomposição de materiais ricos em Fe como produto de alteração da cromite (Fig.5). Na maioria dos casos, a cromite apresenta fissuras e fendas que são posteriormente preenchidas por antigorite devido a

serpentinização das rochas-mãe harzburgite e dunite (Fig.6).

A magnetite forma grãos irregulares que constituem o núcleo dos agregados de antigorite ou então ocorre como hastes e estrias muito finas libertadas ao longo dos planos de clivagem do mineral máfico pré-existente (Fig.7).

Os grânulos finos de magnetite contornam por vezes os limites do que parecem ser olivina e/ou piroxénio originais.

(Figs.2-7)

3.1.1. Análises de difração de raios X para alguns serpentinitos

Foi utilizado um equipamento de Difração de Raios X Philips modelo PW /1710 com filtro de Ni, radiação Cu- (λ = 1,542 A) a 40 KV, 30 MA e velocidade de varredura 0,02$^{(o)}$/seg. Foram obtidos os picos de reflexão entre $2\theta = 2^o$ e 60°. Foram obtidos os correspondentes espaçamentos [d, A] e intensidades relativas (I/I^o) e em comparação com dados normalizados [A.S.T.M. Cards],

Quatro amostras representativas de serpentinitos maciços e rochas relacionadas da área de Homrit Waggat foram analisadas por difração de raios X para confirmar os exames microscópicos. As análises provaram que os serpentinitos e rochas relacionadas são compostos por antigorite, lizardite, crisótilo, clinocloroferro, tremolite, talco, cromite e magnetite.

3.2. Metagabro-diorito

3.2.1. Metagabro

Megascopicamente, as rochas gabroicas são maciças com natureza heterogénea em todo o afloramento. Rochas ricas em anfibólio com uma variação acentuada tanto na granulometria como no índice de cor, o que reflecte diferenças de composição, particularmente no que diz respeito à proporção relativa da plagioclase em relação ao anfibólio.

Microscopicamente, o metagabro consiste principalmente num agregado de grão grosso de oligoclase saussuritizada a albite na composição e anfibólios incluindo hornblenda actinolítica e uralite, juntamente com proporções variáveis de epidoto, clorite e calcite (Fig.8). Os opacos são maioritariamente representados por óxidos de ferro. A plagioclase encontra-se por vezes muito alterada ao ponto de se dissocia completamente e perder a sua identidade. Os anfibólios (depois da augite) substituem ativamente a plagioclase. Pseudomorfos de texturas ofíticas e subofíticas pré-existentes são também frequentemente observados (Fig.9). A rocha apresenta por vezes foliação xistosa devido a deformações subsequentes.

3.2.2. Diorite

Megascopicamente, o diorito da zona de Homrit Waggat apresenta uma cor cinzenta e uma textura granítica.

Microscopicamente, a rocha é composta por plagioclásio, hornblenda, biotite, quartzo e opacos (Fig.10). De um modo geral, a rocha apresenta um alinhamento subparalelo dos cristais de hornblenda e plagioclásio, muito provavelmente devido a deformações subsequentes.

O plagioclásio exibe cristais subédricos que variam em composição de oligoclásio a andesina. A zonação oscilatória, bem como a geminação, são relativamente comuns e bem desenvolvidas. A saussurite é o principal produto de alteração do plagioclásio.

A hornblenda ocorre como cristais alongados e subédricos. O mineral exibe uma estrutura piokilitic ou de peneira onde encerra pequenos grãos de plagioclásio, quartzo e opacos. A hornblenda está associada à biotite de tal forma que esta última parece desenvolver-se a partir da primeira. O quartzo apresenta cristais hipidiomórficos incolores e, por vezes, substitui a plagioclase.

3.3. Granodiorito

Megascopicamente, o granodiorito apresenta cor cinzenta clara a quase branca, e tem uma textura granítica.

Microscopicamente, a rocha é composta por plagioclásio, ortoclásio, biotite, hornblenda, quartzo e opacos (Fig.ll). Em termos de textura, o granodiorito assemelha-se mais ou menos ao diorito.

A composição da plagioclase varia entre oligoclase e andesina, o mineral forma cristais anédricos a subédricos e é por vezes saussuritizado para saussurite. A ortoclase ocorre como placas irregulares caulinitizadas que podem mostrar uma textura perthitic. É interessante mencionar que a quantidade de ortoclásio aumenta perto dos granitos Homrit Waggat.

A biotite é o mineral ferromagnesiano mais abundante e ocorre, geralmente, como cristais pleocróicos castanhos, por vezes verdes, que expressam um plano de clivagem dobrado comum.

A hornblenda ocorre como cristais prismáticos subédricos, fracturados, verdes, pleocróicos, por vezes geminados. Encontra-se frequentemente maulded por biotite ou substituída por clorite.

O quartzo apresenta-se como cristais hipidiomórficos incolores que substituem e corroem os outros minerais anteriores. São por vezes observados minerais acessórios como a ilmenite e o esfeno.

(Figs.8-11)

Capítulo 4

4. Geoquímica

Dez espécimes de rocha representativos das variedades de rocha estudadas da área de Homrit Waggat foram analisados quimicamente para elementos principais e vestigiais, a fim de determinar a classificação petroquímica, o tipo de magma e a configuração tectónica das variedades de serpentinitos, metagabros-dioritos e granodioritos estudados, numa tentativa de determinar as suas caraterísticas geoquímicas e revelar a sua origem. As análises e os minerais normativos calculados das variedades de rocha em causa estão tabelados na Tabela (1). A análise química foi efectuada utilizando a técnica XRF no Laboratório de Geoquímica da Autoridade de Materiais Nucleares (NMA), Egito.

Quadro (1)

As análises esclarecem que os serpentinitos analisados foram submetidos a intensa hidratação e serpentinização onde o

L.O.I. (H2O) varia de 2,64 a 35,6 wt%.

Além disso, as amostras de metagabro-diorito e granodiorito mostram um aumento relativamente bem definido de Si02, particularmente em relação a A12O3, CaO, MgO, Fe total, Na20, K2O, Cr, Ni, Ba e Zr. É importante mencionar que a diminuição de MgO, Cr e Ni e o aumento dos teores de Na20 e K2O com o aumento de Si02 esclarecem que a evolução destas rochas foi muito provavelmente controlada pela cristalização fraccionada de minerais máficos piroxénio, hornblenda e plagioclase cálcica. A acumulação de feldspatos plagioclásicos pode explicar os elevados teores de A12O3 (> 18 %) e CaO em algumas amostras. Vale a pena mencionar que as associações metagabro-diorito e granodiorito estão empobrecidas no elemento Nb, uma caraterística frequentemente tomada como indicador de processos relacionados com a subducção (Pearce, 1983).

Os valores normativos indicam as seguintes notas:-

1. A olivina não é registada nas rochas granodioríticas a dioríticas.
2. A nefelina normativa está ausente, com exceção de uma amostra em que a natureza alcalina desta rocha é muito baixa e

   limitado.
3. A ausência de leucite normativa indica que o magma está saturado de sílica.
4. Valores baixos de ortoclásio normativo e altos de plagioclásio normativo.

4.1. Classificação petroquímica

Os dados geoquímicos das amostras de rocha analisadas dos serpentinitos, metagabros-dioritos e granodioritos examinados foram representados no diagrama ternário CaO wt% - A12O3 wt % - MgO wt % "Coleman, 1977" (Fig.12); o diagrama binário Ni /Co ppm versus Ni ppm "Gulacar e Delalaye, 1976" (Fig.13); o diagrama ternário Co ppm - V ppm - Zn ppm "Pfeifer, 1979" (Fig.14); e o diagrama binário álcalis totais versus sílica "Cox et al., 1979" & "Miyashiro, 1978" (Fig.15). Os diagramas indicam que os serpentinitos se situam no campo dos peridotitos metamórficos e perto do campo dos cumulados ultramáficos (ver Fig. 12); no campo dos peridotitos de tipo alpino (ver Fig. 13) e no campo dos harzburgitos-dunitos (ver Fig. 14), respetivamente, o que reflecte os seus derivados originais ultramáficos. O metagabro-diorito e o granodiorito podem ser

petroquimicamente classificadas como gabro, diorito e granodiorito (ver Fig.l5).

(Figs.12-15)

4.2 Tipo de magma

Os dados geoquímicos dos serpentinitos, metagabros-dioritos e granodioritos analisados foram plotados no diagrama binário Si02 wt % versus FeO*/FeO* + MgO wt % "Coleman, 1977" & "El Mezayen and Masoud, 1987" (Fig.16); o diagrama binário Cr ppm versus Si02 wt % "Miyashiro e Shido, 1975" (Fig.17); e o diagrama ternário (Na20+K20) wt % - FeO^{t} wt % - MgO wt % "Irvine e Baragar, 1971" (Fig.18). Os diagramas indicam que os serpentinitos se enquadram no campo cumulado ultramáfico (ver Fig.16) e no campo toleítico (ver Fig.17), o enriquecimento dos teores de Cr (3400 ppm - 6102 ppm) nos serpentinitos analisados confirmam a sua derivação de uma rocha-mãe peridotita depletada de mântila. O metagabro-diorito cai no campo do Metagabro Egípcio e o granodiorito cai no cumulado máfico (ver Fig.16) e exibem uma afinidade alcalina com o calcário (ver Figs.17 & 18).

(Figs.16-18)

4.3 Configuração tectónica

Os dados geoquímicos das amostras de rocha analisadas dos serpentinitos examinados foram plotados no diagrama binário Ti / Cr ppm versus Ni ppm "Beccaluva et al., 1979" (Fig.19) e no diagrama binário Cr ppm versus Ti02 wt % "Pearce et al., 1984" (Fig.20). Os diagramas indicam que os serpentinitos caem nos tholeiites do fundo do oceano (ver Fig.19); o enriquecimento dos conteúdos de Ni (2050 ppm - 2774 ppm) nos serpentinitos analisados confirmam a sua derivação de uma rocha-mãe de peridotito de mântalo empobrecido e / ou peridotites do tipo alpino (Gulacar e Delalaye, 1976). Os serpentinitos caem dentro e muito perto do campo de ofiolitos da Zona de Supra Subducção (SSZ) (ver Fig.20). As investigações petrográficas e geoquímicas pormenorizadas confirmam que os serpentinitos atualmente estudados derivam de rochas-mãe peridotitas (principalmente harzburgite) e duníticas. O harzburgito com uma grande sequência de cromite podiforme é a litologia predominante recodificada no ofiolito da Zona de Subducção Supra (Pearce et al., 1984; Kroner et al., 1987; & Jan e Windley, 1990). Os serpentinitos analisados são comparáveis aos outros serpentinitos pan-africanos do Deserto Oriental do Egito (El Bahariya e Arai, 2003; & Azer e Khalil, 2005) que são semelhantes aos ophiolitos pan-africanos (de ambientes Back-Arc ou SSZ) do Nordeste e da África Oriental (Berhe,1990); peridotitos do manto empobrecido (Bonatti e Michael, 1989); e peridotitos da margem ativa (Floyd, 1991).

Os dados geoquímicos das amostras de rocha analisadas do metagabro-diorito e granodiorito examinados foram plotados no diagrama binário FeO* / MgO wt % versus Ti02 wt % "Glassely, 1974" & "Cady, 1975" (Fig.21) e no diagrama binário Ti ppm versus Zr ppm "Pearce and Gale, 1977" (Fig.22). Os diagramas indicam que o metagabro-diorito e o granodiorito se agrupam no campo do arco insular (ver Figs. 21 e 22). A natureza das rochas metagabro-dioríticas em causa é mais ou menos semelhante à do complexo metagabro-diorítico do arco insular do Proterozoico tardio da área de El Imra, no deserto centro-oriental do Egito (Fumes et al.,1996).

(Figs.19-22)

Capítulo 5

5.Conclusão

As discriminações geológicas, mineralógicas e petroquímicas das variedades de rochas em causa na área em consideração revelaram certos traços caraterísticos que podem ajudar a explicar alguns aspectos e lançar alguma luz sobre a sua petrogénese.

A área em estudo situa-se numa continuidade geográfica próxima do Gebel Homrit Waggat. Os serpentinitos e as rochas metagabro-dioríticas e granodioríticas associadas formam uma ampla faixa arqueada que confina com o plutão granítico Homrit Waggat nas direcções sudeste, sul e sudoeste. O complexo ultramáfico foi mecanicamente colocado enquanto sólido e relativamente frio. Os contactos entre os serpentinitos e a rocha da parede são invariavelmente zonas de cisalhamento ocupadas por linhas de corte. Localmente, cunhas de serpentinitos xistosos foram introduzidas em planos de foliação nas rochas da parede, mostrando que as rochas da parede foram deformadas antes ou durante a colocação dos serpentinitos, enquanto as rochas adjacentes sofreram pouco ou nenhum metamorfismo de contacto. Não há estratificação regular ou estratificação composicional nos serpentinitos ou no complexo gabroico.

As investigações petrológicas e geoquímicas dos ultramafitos da área de Homrit Waggat confirmam alguma semelhança na sua evolução, demonstrada em processos generalizados de hidratação, carbonitização e cloritização. O estudo petrográfico esclarece que as texturas ultramáficas e as associações minerais desapareceram, na sua maioria, bem como são demonstradas texturas serpentinas típicas (meshourglass, interpenetrantes).

Com base nas relíquias minerais primárias, na forma das texturas serpentinas e nas evidências petroquímicas, pode concluir-se que, antes da serpentinização, os ultramáficos eram principalmente harzburgite e dunite sem piroxénio.

A relativa disseminação de minerais de clorita nas margens dos serpentinitos indica a influência metassomática durante o processo de serpentinização. A serpentinização dos ultramáficos estudados está normalmente associada ao aumento de MgO e à diminuição dos teores de A12O3, CaO e Y, enquanto a cloritização resulta na diminuição de MgO e no aumento de A12O3, CaO, Zr e Ti02.

Petroquimicamente, é mais notável o facto de os serpentinitos investigados serem ofiolitos cumulados ultramáficos petrologicamente (Coleman, 1977), nos quais a harzburgite e a dunite são os tipos de rocha-mãe dominantes.

Em suma, os dados petrológicos e geoquímicos recolhidos sugerem que os serpentinitos da área em causa derivam de parentes ultramáficos de ofiolitos de tipo alpino, que podem corresponder ao manto ultramáfico e ocorrem frequentemente na crosta oceânica durante a formação da cintura de colisão da Zona de Subducção Supra (SSZ). Os serpentinitos analisados são comparáveis aos outros serpentinitos pan-africanos no Deserto Oriental do Egito (El Bahariya e Arai, 2003; & Azer e Khalil, 2005), que são semelhantes aos ofiolitos pan-africanos (de ambientes Back- Arc ou SSZ) no Nordeste e na África Oriental (Berhe, 1990); peridotitos de manto empobrecido (Bonatti e Michael, 1989); e peridotitos de margem ativa (Floyd, 1991).

As evidências petrológicas e petroquímicas específicas do complexo metagabro-diorito e granodiorito da área de Homrit Waggat separam as variedades de rochas constituintes em duas categorias, cada uma das quais pertencente a uma série de rochas definida.

Os dados disponíveis na revisão correspondente carecem de comportamentos geológicos que permitam correlacionar o presente metagabrodiorito com uma suite ofiolítica semelhante. Os mais significativos são o hábito intrusivo distinto e a ausência de basaltos almofadados ou diques laminados.

Em geral, a associação do gabro atual com variedades dioríticas é íntima e constante, distribuída em diferentes localidades do deserto oriental do Egito. Este facto sugere fortemente uma boa relação entre os materiais de origem destes gabros e dioritos. Os magmas de composição basáltica (gabros) e andesítica (dioritos) podem ser gerados por fusão fraccionada do manto superior em diferentes condições de pressão de vapor de água (Yoder, 1969). Além disso, Osborn (1962), Miyashiro (1974) & Miyashiro e Shido (1975) defendem que os magmas de natureza calcária-alcalina podem ter grandes valores de fugacidade de oxigénio (causada pela dissociação da água) no momento da sua geração por fusão parcial do manto superior.

O metagabro-diorito e o complexo granodiorítico são caracterizados pelo enriquecimento do LILE (Ba, K) em relação ao HFSE com o aumento da sílica. Estas evidências são consistentes com o regime moderno de arco insular calcário-alcalino.

O magma parental do plutão metagabro-diorítico é muito provavelmente rejuvenescido pela fusão parcial da cunha mantélica acima das zonas de subducção que foram previamente metassomatizadas por fluidos derivados da laje (Saunders et al., 1980).

A ocorrência de textura cumulada e o conteúdo decrescente em certos elementos, como as abundâncias de Ni, Cr e Mg, são consistentes com o fracionamento significativo de clinopiroxênio e plagioclásio, portanto, a cristalização fracionada de cristal / fusão pode defender as variações petroquímicas em todo o complexo metagabrodiorito.

Vale a pena concluir que não há uma visão nítida no conteúdo de Ba do metagabro-diorito para o granodiorito, o que provou que eles não foram cristalizados a partir da mesma câmara magmática por cristalização fracionada. Assim, favorecemos um modelo de fusão parcial da crosta inferior como uma possível fonte para a geração do granodiorito investigado. De acordo com as investigações petroquímicas, pode concluir-se que a colocação do corpo de granodiorito na área em causa evoluiu durante uma fase de arco insular.

Por último, de acordo com as inspecções petrológicas e geoquímicas das associações plutónicas de na área de Homrit Waggat, é possível concluir que as rochas metagabro-dioríticas foram muito provavelmente derivadas da cristalização fraccionada de um magma basáltico-andesítico gerado pela fusão parcial de um manto superior num cenário de arco insular.

A natureza das rochas metagabro-dioríticas em causa é mais ou menos semelhante à do complexo metagabro-diorítico do arco insular do Proterozoico tardio da área de El Imra, no deserto centro-oriental do Egito (Fumes et al., 1996). Por outro lado, acredita-se que a suite granodiorítica tenha sido derivada da fusão parcial de uma crosta inferior num ambiente de arco insular.

Referências

Ahmed, A.M. e El-Sheshtawi, Y.A. (1993): Petrogénese e evolução tectónica de algumas associações ultramáficas-máficas de Wadi Dib e Wadi Urf, N.E.D., Egito. Anais, Geol. Surv., Egito, v. XIX, p. 19-32.

Akaad, M.K. (1997): On the behaviour of serpentinites and its implications, Geological Survey ofEgypt, PaperNo. 74.

Amin, M.S., Mansour, M.S., Kabesh, M.L. e Al-Far, D.M. (1953): Geology of the Naba district. Geol. Surv. Egito, Cairo, 51p.

Azer, M.K. e Khalil, A.E.S. (2005): Petrological and mineralogical studies of Pan-African serpentinites at Bir Al- Edeid area, central Eastern Desret , Egypt. Jour. African Earth Sciences, v.43, p. 525-536.

Basta, E.Z. e Takla, M.A. (1974): Distribuição de minerais opacos e a origem das rochas gabroicas doEgipto. Bull. Fac. Sci., Cairo Univ., No. 47, p. 346-364.

Beccaluva, L., Ohnenstetter, D. e Ohnenstetter, M. (1979): Discriminação geoquímica entre tholeiites do fundo do oceano e do arco insular: Application to some ophiolites. Can. J. EarthSci.,v.l6, p. 1874-1881.

Berhe, S.M. (1990): Ophiolites in Northeast and East Africa: implications for Proterzoic crustal growth. Jour. Geol. Soc. London, v.147, p. 41-57.

Bonatti, E. e Michael, P.J. (1989): Mantle peridotites from continental rifts to oceanic basins to subduction zones. Earth and Planetary Science Letters, v. 91, p. 297-311.

Cady, W.M. (1975): Tectonic setting of Tertiary volcanic rocks of the Olympic Peninsula, Washington, U.S.A., Geol. Surv. Jour. Res., 3, p. 573-582.

Coleman, R.G. (1977): Ophiolites: Ancient Oceanic Lithophere.

Springer Verlag, Nova Iorque, 229 p.

Cox, K.G., Bell, I.D. e Pankhurst, R.J. (1979): The interpretation of igneous rocks. George Allen and Unwin, Londres, p. 450.

El-Bahariya, G.A., e Arai, S. (2003): Petrologia e origem dos serpentinitos pan-africanos com particular referência a composição de espinélio de cromaína, Deserto Oriental, Egito:

Implicações para o ofiolito da zona de supra subducção. 3(r)^ Intern. Conf. Geol. África, Universidade de Assiut, Egito. P. 371-388.

El-Gaby, S., List, F.K. e Tehrani, R. (1988): Geologia, evolução e metalogénese da cintura pan-africana no Egito. Em (El Gaby, S. e Greiling, R.O. eds.). The Pan-African belt of Northeast Africa and adjacent areas, Earth evol.

Sci., v. 9, p. 17-68.

El-Mezayen, A.M. e Masoud, M.S. (1987): Estudos petrológicos e geoquímicos das rochas metagabroicas de Sarubi, Deserto de S.E., Egito. Bull.Fac. Sci., Zagazig University, v.9, p.337-362.

El-Ramly, M.F. (1972): A new geological map for the basement rocks in the E.D. and S.W. Desert of Egypt. Annal, Geol. Surv.,Egypt,v.ll, p. 1-18.

El-Ramly, M.F., Budanov, V.F. e Hussein, A. (1971): As rochas alcalinas do Deserto do Sudeste, Egito. Geol. Surv., paperNo.53, lllp.

El-Sharkawy, M.A. e El-Bayoumi, R.M. (1979): Os ofiolitos da área de Wadi Ghadir, E.D. Egito. Annal, Geol. Surv. Egito,

v. IX, p. 125-135.

Floyd, P.A. (1991): Oceanic basalts. Blachie and Son Ltd, 455 p. Fumes, H., El Sayed, M.M., Khalil, S.O. andHassanen, M.A.

(1996): Pan-African magmatism in the Wadi El- Imra district, C.E.D., Egypt : Geoquímica e ambiente tectónico. Jour. Geol. Soc. London, v.153, p. 705-718.

Ghoneim, M.F., Takla, M.A. e Lebda, E1.M. (1992): As rochas gabroicas do deserto centro-oriental do Egito. Uma abordagem geoquímica. Annals Geol. Surv. Egito, v. XVIII, p.1-21.

Glassely, W. (1974): Geoquímica e tectónica das recentes rochas vulcânicas .Olympic Peninsula, Washington, Geol. Soc. Am.Bull., 85, p. 785-794.

Gulacar, O.F. e Delalaye, M. (1976): Geoquímica de Ni, Co e Cu em rochas ultramáficas do tipo alpino. Chem. Geol., v. 17, p. 269-289.

Hassan, M.A. e Hashad, A.H. (1990): Precambrian ofEgypt. Em R. Said (ed.), Geology ofEgypt. A.A. Balkema, Roterdão, Países Baixos, Ch. 12, p.201-245.

Hume, W.F. (1934): Geology of Egypt, v.II, The Fundamental Precambrian rocks of Egypt and Sudan their distribution, age and character, Part II The Later plutonic and minor intrusive rocks. Survey of Egypt, Government Press, Cairo, 494 p.

Irvine, T.N. e Baragar, W.R.H. (1971): A gauide to the chemical classification of the common volcanic rocks. Can. Jour.Earth Sci., v. 8, p. 523-548.

Jan, M.Q., eWindley, B.F. (1990): Chromian spinel-silicate chemistry in ultramafic rocks of the Jijal complex, Northwestern Pakistan. Jour. Petrol, v.31, p. 667-715.

Kroner, A., Greiling, R., Reischman, T., Hussein, I.M., Stern, R.J., Durr, S., Kruger, R. e Zimmer, M. (1987): Evolução crustal pan-africana no segmento núbio do Nordeste de África. In: Kroner, A. (Ed.) , Proterozoic

Lithosphere Evolution, Geodynamics Series. Contribuição do Programa Internacional da Litosfera, v.17. American Geophysicl Union, Washington, p.235-257.

Miyashiro, A. (1974): Série de rochas vulcânicas em arcos de ilha e margens continentais activas. Amer. Jour. Sci., v. 274, p. 321-

355.

Miyashiro,A. (1978):Natureofalkalicvolcanicrock series. Contrib. Mineral. Petrol., v. 66, p. 91-104.

Miyashiro, A. e Shido, F. (1975): Sériesholeiitic e calc-alcalinas em relação aos comportamentos do titânio, vanádio, crómio e níquel. Am. Jour. Sci., v. 275, p. 265-277.

Moghazi, A.M., Mohamed, F.H., El-Sayed, M.M. e Kanisawa, S. (1999): Geochemistry and petrogenesis of Late Proterozoic plutonic rock suites in the Homrit Waggat and El-Yatima areas, Eastern Egypt. 4[t] | [1] Intern. Conf. Geochem., Alex. Univ., Egito, 15-16 Set. p. 1-21.

Osborn (1962): Série de reação de rochas ígneas subalcalinas com base em diferentes condições de pressão de oxigénio. Amer. Mineral., v. 47, p.211-

226.

Pearce, J.A. (1983): The role of subcontinental lithosphere in magma genesis at destructive plate margins. Em Hamkesworth, C.J. e Norry (eds): Continental basalt and mantle xenoliths, p. 230-249, Nantwich Shira.

Pearce, J.A. e Gale, G.H. (1977): Identificação de depósitos de minério ambiente a partir da geoquímica de elementos vestigiais. Vulcânica processo de génese do minério, Int. Min. Metall. Geol. Soc., Londres, p. 14-24.

Pearce, I.A., Lippard, S.J. e Roberts, S. (1984): Caraterísticas e significado tectónico da zona de supra-subducção ophiolitic. Inkokelea, B.P. e Howells, M.F. (eds.). Marginal Basin Geology, Geol. Soc. Sp. Publ. No. 16, Black Well Scientific Publications, p.77-97.

Pfeifer, H.R. (1979): Fluid-Geistein-interaktion in metamorphene ultramafititen der Zentral Alpen. Tese de doutoramento E T H- Zurich. No. 6379, Zurique, Suíça.

Ramdohr, P. (1980): The ore minerals and their intergrowths. 2[(n)^] ed., Oxford, Pergamon, 1205 p.

Saunders, A.D., Tarney, J e Weaver, D. (1980): Variações geoquímicas transversais na Península Antváctica: Implicações para a génese de magmas calcários. Earth Planet. Sci. Left., 46, p.344-360.

Shackelton, R.M., Ries, A.C., Grabon, R.H., e Fitches, W.R. (1980): Late Precambrian ophiolitic melange in the E.D. Egypt. Nature, v. 265, p. 472-474.

Shaaban, M.M., Sabet, H. Atef e Botros, S.N. (1991):
Estudo petrológico do complexo metagabro-diorítico de
Zona de Wadi Ambaout, E.D., Egito. Egito. J. Geology, v. 34, 1-2, p.197-231.

Takla, M.A. e Noweir, A.M. (1977): Significado petrogenético de minerais opacos contidos em rochas gabroicas. Proc. Acad. Sci.,Egito, v.30, p. 183-189.

Takla, M.A., Basta, E.Z. e Fawzi, F. (1981): Characterization of the older and younger gabbros of Egypt. Delta Jour. Sci., TantaUniv., v.5, p. 279-314.

Takla,M.A., El-Sharkawy, M.A. e Basta, F.F. (1982): Petrologia das rochas do subsolo da área de Gebel Mohagara-Ghadir, E.D., Egito. Ann. Geol. Surv. Egito, v,12,p,121-140.

Serviço Geológico Egipcio e Autoridade de Minas "EGSMA" (1989): Basement Rocks of Jabal Umm Ghayj Quadrangle, Egypt, (Mapa Geológico, Escala, 1:100 000).

Yoder, H.S. (1969): Calcalkaline andesites; experimental data bearing on the origin of their assumed characteristics. Proc. Conf. Andesite, p. 77-89.

Tabela (1) As análises químicas de óxidos maiores, valores normativos e elementos vestigiais para as rochas estudadas.

Sample	Serpentinites				Metagabbro-diorite			Granodiorite		
	29	**31**	**33**	**34**	**7**	**9**	**28**	**23**	**27**	**32**
SiO2	48.94	39.91	41.34	18.3	55.52	46.99	58.24	67.5	68.4	66.27
TiO2	0.13	0.01	0.01	0.01	0.93	1.27	0.84	0.35	0.3	0.36
Al2O3	12.12	3.55	2.94	1.28	18.66	19	19.19	14.8	16.6	15.1
Fe2O3	0.58	5.76	5.27	3.8	2.65	1.99	2.52	2.2	0.3	0.73
FeO	7.18	0.95	1.87	7.63	4.79	7.42	4.13	2.4	2	2.7
FeOT	7.7	6.13	6.61	11.05	7.17	9.21	6.4	4.38	2.27	3.36
Fe2O3T	8.56	6.82	7.35	12.28	7.97	10.23	7.11	4.87	2.52	3.73
MnO	0.14	0.07	0.08	0.15	0.9	0.14	0.08	0.05	0.05	0.1
MgO	13.96	36.89	36.97	14.79	3.54	7.36	2.99	1.7	1.13	3.7
CaO	11.78	0.51	0.88	22.89	6.8	9.01	6.26	2.8	4.8	3.04
Na2O	0.95	0.1	0.1	0.1	3.22	2.83	4.22	5.15	4.35	4.11
K2O	0.36	0.02	0.01	0.02	0.69	0.75	0.69	2.1	1	1.77
P2O5	0.01	0.01	0.01	0.02	0.22	0.8	0.18	0.09	0.04	0.1
H2O+	0.14	0.66	0.44	0.16	0.16	0.12	0.1	0.06	0.82	2.3
LOI	2.46	12.66	11.77	35.6	1.04	2.1	0.96	*	*	*
Total	99.67	100.47	101.38	99.72	98.69	99.76	100.75	99.2	97.79	100.28
Q	0	0	0	0	12.05	0	11.79	20.96	26.51	22.48
C	0	2.8	1.32	0	0.72	0	0.49	0	0	1.12
Or	2.21	0.13	0.07	0	4.17	4.55	4.11	12.53	5.98	10.69
Ab	8.35	0.96	0.94	0	27.79	24.52	35.9	43.9	37.15	35.45
An	28.82	2.82	4.82	4.32	33.15	37.8	30.22	11.13	23.02	14.8
Di	25.61	0	0	127.91	0	2.62	0	1.91	0.68	0
DiWo	13.33	0	0	66.85	0	1.35	0	0.98	0.34	0
DiEn	9	0	0	46.94	0	0.82	0	0.62	0.16	0
DiFs	3.28	0	0	14.11	0	0.45	0	0.3	0.17	0
Hy	25.13	39.94	41.47	0	15.92	10.94	11.81	5.48	5.57	13.46
HyEn	18.41	39.94	41.47	0	9.04	7.05	7.52	3.67	2.69	9.44
HyFs	6.72	0	0	0	6.88	3.88	4.28	1.81	2.87	4.02
Ol	8.72	45.59	43.27	6.2	0	12.36	0	0	0	0
OlFo	6.22	45.59	43.27	4.66	0	7.69	0	0	0	0
OlFa	2.5	0	0	1.55	0	4.67	0	0	0	0

Quadro (1) continua

Sample	Serpentinites				Metagabbro-diorite			Granodiorite		
	29	**31**	**33**	**34**	**7**	**9**	**28**	**23**	**27**	**32**
Mt	0.87	3.71	6.99	7.99	3.92	2.96	3.68	3.22	0.44	1.08
Hm	0	4	1.07	0	0	0	0	0	0	0
Il	0.26	0.02	0.02	0.03	1.8	2.47	1.61	0.67	0.58	0.7
Ap	0.02	0.02	0.02	0.06	0.49	1.79	0.4	0.2	0.09	0.22
Y	12	2	2	2	20	16.1	6	18	14	17.5
Zr	58	9	10	2	145.5	107.7	64	180	167	192
Pb	16	17.6	*	20	4	14.7	4	12	14	19
Cu	160	160	16011.8	160	80	80	80	80	80	80
Nb	11	10	44	9	5.5	5.2	4	8	8	6.8
Cr	3400	6102	5400	3438	141	71.7	553	120	118	117
Ni	2050	2774	2066	2509	52	151.3	348	77	67	70
zn	140	192	161	144	72	111.7	72	65	55	72
Ga	16	1.6	1.6	1.6	16.4	18	8	17	18	18.4
As	240	480	480	480	240	240	240	240	240	240
Ba	90	80	80	80	592	369	161	480	400	484
Co	80	116.3	116.7	95	31	66.7	84.5	12	12	11.3
V	40	36	31	40.7	194	206	237	60	63	54

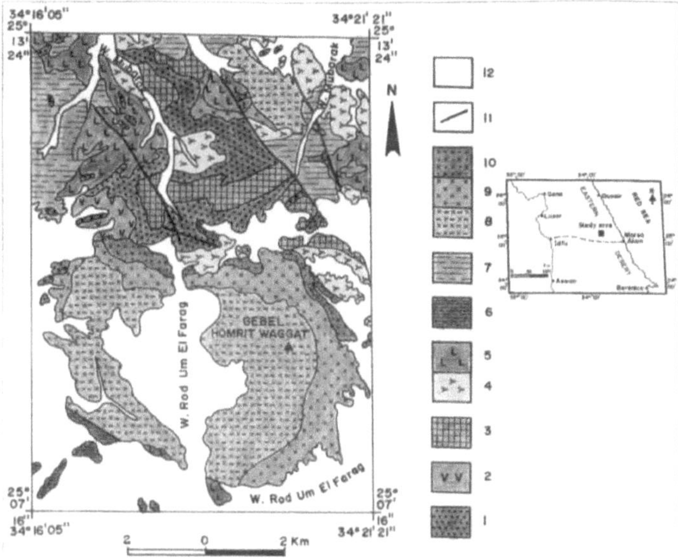

Fig. 1 : Geological map of Homrit Waggat area (After EGSMA, 1989).

Upper Proterozoic Rocks

1. Serpentinites and related rocks.
2. Basic metavolcanic formation.
3. Tuffogen metasedimentary formation.
4. Olivine metagabbro and hornblende metagabbro.
5. Metadiorite and metagabbro-metadiorite association.
6. Biotite and biotite - hornblende plagiogranite and granodiorites.
7. Medium - grained biotite and hornblende - biotite granite.

Lower Paleozoic Rocks

8. Coarse - grained biotite granite.
9. Muscovite granite.
10. Apogranite (mineralized).

11. Faults.
12. Wadi deposits.

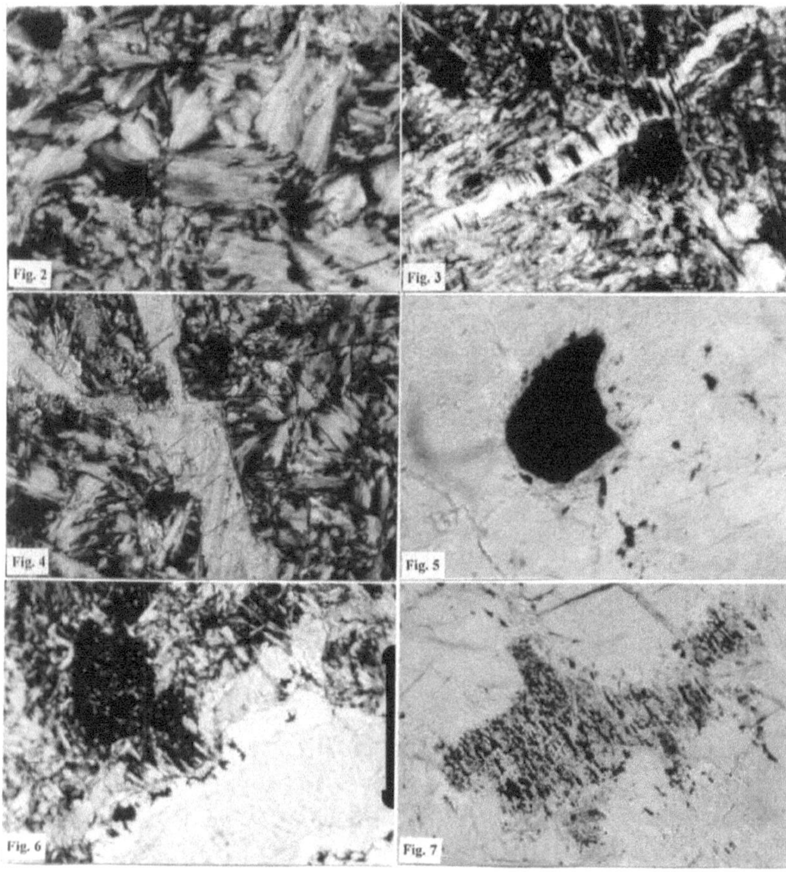

Fig.2.Antigorite blades exhibit hour-glass texture. Fine grains of magnesite with pale brownish interference colours are observed; serpentinites.C.N., x40.

Fig.3.Chrysotile microveinlets with secondary magnetite crossing antigorite; serpentinites.C.N., x40.

Fig.4.Microveinlets of magnesite traversing antigorite; serpentinites.C.N., x40.

Fig.5.Pale brownish reaction rim surrounding chromite crystal; serpentinites.P.L., x40.

Fig.6.Association of antigorite, cracked chromite (opaque) and magnesite; serpentinites.C.N., x40.

Fig.7.Fine elongated rods of magnetite liberated along the cleavage planes of pre-existing mafic mineral; serpentinites.P.L., x40.

Fig.8.Association of saussuritized plagioclase and diallage which is partially altered to actinolitic hornblende; metagabbro. P.L., x40.

Fig.9.Pseudomorphs of pre-existing ophitic and subophitic textures. The plagioclase is highly saussuritized; metagabbro. C.N., x40.

Fig.10.Association of zoned andesine, hornblende, biotite, quartz and opaques; diorite. C.N., x40.

Fig.11.Slightly chloritized biotite corrodes oligoclase and associates opaques; granodiorite. C.N., x40.

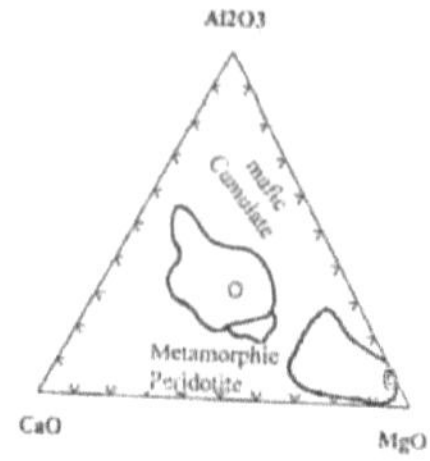

Fig.12

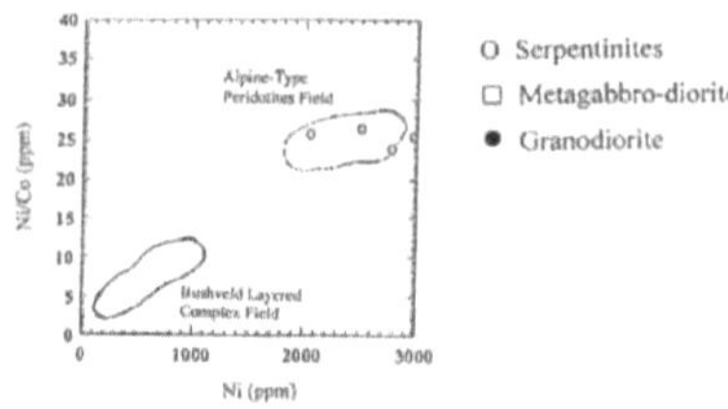

Fig. 13

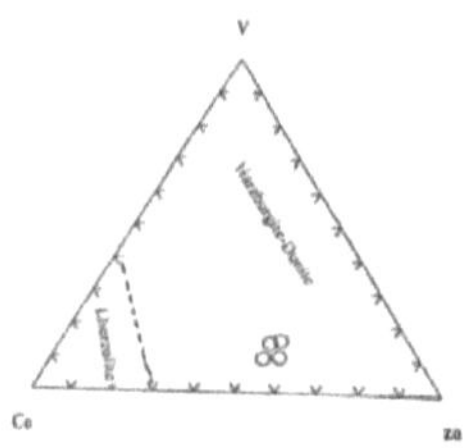

Fig. 14

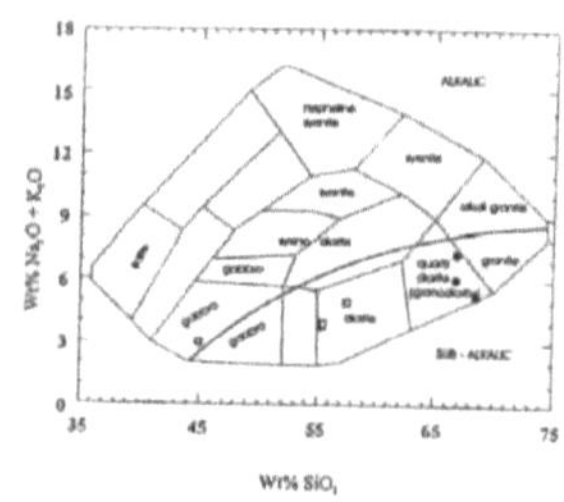

Fig.15

Fig.12. CaO – Al_2O_3 – MgO ternary classification diagram for the serpentinites (Coleman, 1977).

Fig.13. Ni/Co versus Ni binary classification diagram for the serpentinites (Gulacar and Delalaye, 1976).

Fig.14. Co – V – Zn ternary classification diagram for the serpentinites (Pfeifer, 1979).

Fig.15. Total alkalies versus silica binary classification diagram for the metagabbro – diorite (Cox et al., 1979). The dividing line between alkalic and sub – alkalic magma series is from Miyashiro (1978).

Fig. 16

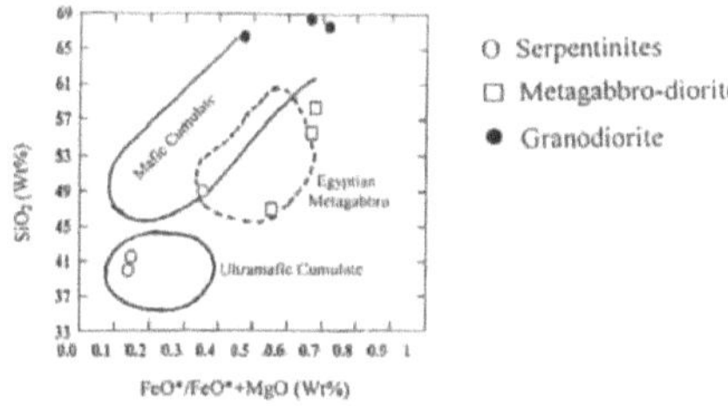

Fig.17

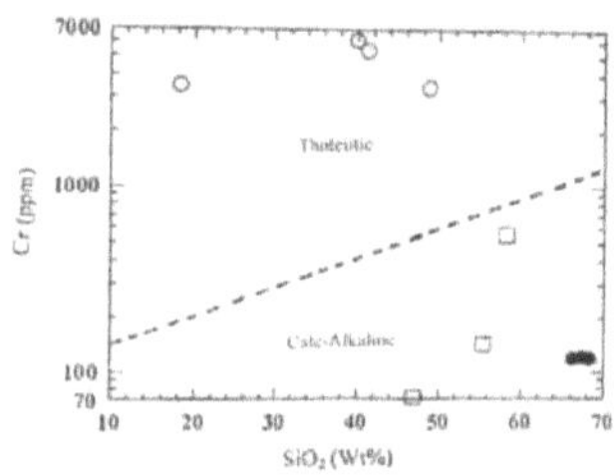

Fig.18

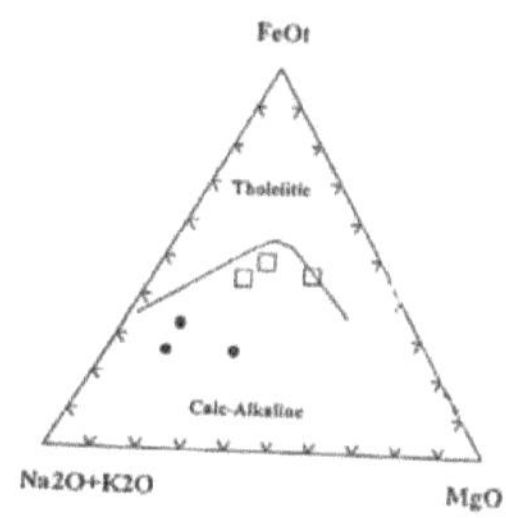

Fig.16. SiO_2 versus FeO^*/FeO^* + MgO binary diagram for the serpentinites, metagabbro – diorite and granodiorite. Solid line is the fields after Coleman (1977) and the dashed line is the field of Egyptian metagabbros after El Mezayen and Masoud (1987).

Fig.17. Cr versus SiO_2 binary diagram for the serpentinites, metagabbro – diorite and granodiorite (Miyashiro and Shido, 1975).

Fig.18. AFM ternary diagram for the metagabbro – diorite and granodiorite. Tholeiitic/Calc-Alkaline divided line (Irvine and Baragar, 1971)

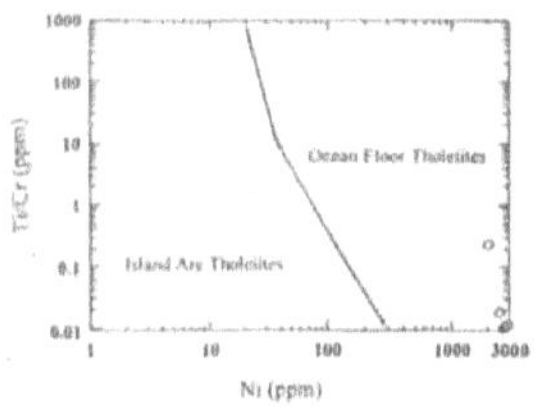

Fig.19

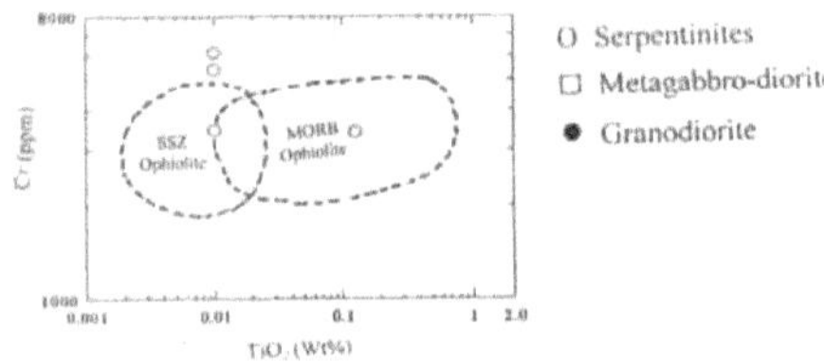

Fig.20

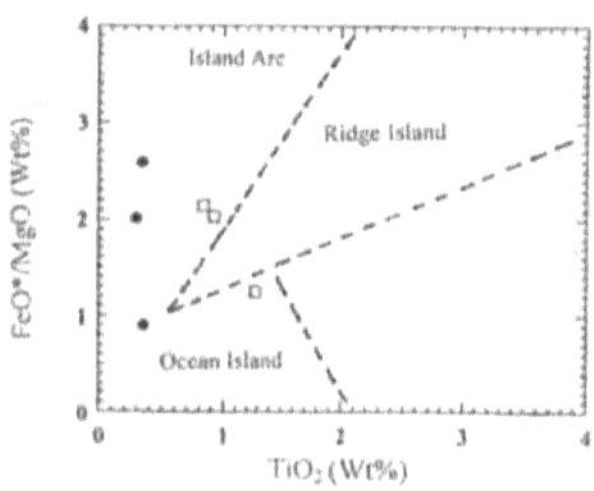

Fig.21

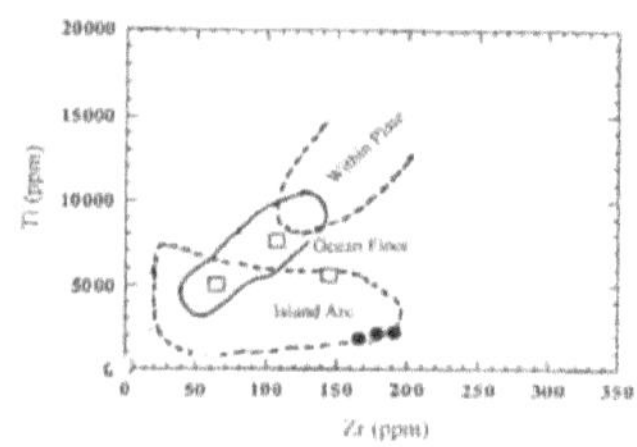

Fig.22

Fig.19. Ti/Cr versus Ni discrimination tectonic setting diagram for the serpentinites (Beccaluva et al., 1979).

Fig.20. Cr versus TiO_2 discrimination tectonic setting diagram for the serpentinites (Pearce et al., 1984).

Fig.21. FeO*/MgO versus TiO_2 discrimination tectonic setting diagram for the metagabbro – diorite and granodiorite (Glassely, 1974 and Cady, 1975).

Fig.22. Ti versus Zr discrimination tectonic setting diagram for the metagabbro – diorite and granodiorite (Pearce and Gale, 1977).

MIX
Papier aus verantwortungsvollen Quellen
Paper from responsible sources
FSC® C105338

Printed by Books on Demand GmbH, Norderstedt / Germany